Bibliografische Information der Deutschen Nationalbibliothek:

Die Deutsche Bibliothek verzeichnet diese Publikation in der Deutschen National-
bibliografie; detaillierte bibliografische Daten sind im Internet über http://dnb.d-
nb.de/ abrufbar.

Impressum:

Copyright © 2017 GRIN Verlag, Open Publishing GmbH
Druck und Bindung: Books on Demand GmbH, Norderstedt Germany
ISBN: 9783668525702

Dieses Buch bei GRIN:

http://www.grin.com/de/e-book/369810/chinas-wanderarbeiter-und-ihre-wirtschaft-
liche-bedeutung

Melanie Lindner

Chinas Wanderarbeiter und ihre wirtschaftliche Bedeutung

GRIN Verlag

Julius-Maximilians-Universität Würzburg

Seminararbeit

am Institut für Geographie und Geologie

Lehrstuhl für Geographie III - Allgemeine und Angewandte Wirtschaftsgeographie

Spezielle Humangeographie 1

Wirtschaftsgeographie China

Wintersemester 2016/2017

Chinas Wanderarbeiter und ihre wirtschaftliche Bedeutung

Lindner, Melanie

Geographie

3 Semester

17.01.2017

Inhaltsverzeichnis

Inhalt

Abbildungs- und Tabellenverzeichnis

1.Einleitung

Was ist China?

Zur Jahrhundertwende hat die Volksrepublik China eine Großmachtrolle in der Welt errungen. Die hohe Bevölkerungszahl von 1,4 Milliarden Menschen, die politische Öffnung und die gesellschaftliche sowie wirtschaftliche Entwicklung in den letzten Jahrzehnten hat China eine Führungsrolle übernommen, die nicht nur Asien, sondern auch Amerika und Europa der Volksrepublik eingestehen muss. Somit haben gesellschaftliche, politische und wirtschaftliche Entscheidungen Auswirkungen auf die restliche Welt. Innenpolitische Probleme wie Bevölkerungswachstum, Migration und Globalisierung der Wirtschaft haben so auch internationale Konsequenzen. In den westlichen Ländern verknüpft man China häufig mit preisgünstiger Ware „Made in China". Allerdings befassen sich nur Wenige damit, warum diese Produkte so billig hierzulande zu erwerben sind. Als China sich in den 1980ern öffnete, sahen viele Bauern ihre Chance. Sie haben ihre Familien zurückgelassen um der Arbeit hinterher zu reisen. Es kam zu einer massiven Land-Stadt-Migration. Denn an der Ostküste des Landes sind immer neue Fabriken und Städte entstanden, wo die Arbeit nicht auszugehen scheint. Chinas Nachfrage an Arbeitern ist unersättlich gewesen wie auch der Wunsch der Menschen nach einem schöneren Leben. Doch in den Städten werden sie schlecht und unregelmäßig bezahlt, arbeiten unter gefährlichen Bedingungen, haben keine Unfallversicherung und keinen Zugang zu medizinischer und sozialer Versorgung Auch die rechtliche Grauzone macht sie zu Bürgern zweiter Klasse. Sie sind das Rückgrat von Chinas Wirtschaft, doch viele von ihnen leben in Armut. Somit zahlen die Arbeitsmigranten augenscheinlich den Preis für das Wirtschaftswunder China und sind die Verlierer des Booms. Doch wie konnte es soweit kommen, dass China sich in zwei Teilgesellschaften, einmal die urbane und auf der anderen Seite die ländlich-bäuerliche, spalten konnte und die Schere zwischen diesen beiden Gruppen immer größer wird? Wie groß ist die tatsächliche Bedeutung der Wanderarbeiter für das enorme Wirtschaftswachstum in China?

In der folgenden Arbeit werde ich mich mit dem geschichtlichen Hintergrund und der aktuellen politischen, wirtschaftlichen und gesellschaftlichen Situation der Wanderarbeiter beschäftigen. Des Weiteren versuche ich ein Fazit zu ziehen und einen Ausblick in die Zukunft zu geben.

2. Allgemeiner Überblick der Situation der Migration in China

2.1. Definition und Begriffserklärung

Migration ist „die Verlegung des Wohnsitzes an einen in bestimmter Entfernung liegenden Ort." (GRANSOW 2000: 184). Temporäre Migranten sind jene, die sich länger als sechs Monate an einem Ort außerhalb ihrer Herkunftsregion aufhalten. Arbeitsmigration bezeichnet die Aus- und Einwanderung von Menschen, um eine andere Erwerbstätigkeit als in ihrer Herkunftsregion aufzunehmen. (vgl. SCHNACK 2010: 27).

In China werden die Arbeitsmigranten meist als „nongmingong" bezeichnet. Diese Bezeichnung hat allerdings eher ein diskriminierende Bedeutung, da er in der deutschen Übersetzung „ländlicher Wanderarbeiter" oder „Bauernarbeiter" heißt. Auch werden sie „fließende Bevölkerung" also „liudong renkou" oder „Landarbeiter in den Städten" übersetzt „jincheng wugong renyuan" genannt (vgl. SCHNACK 2010: 27). Wanderarbeiter der zweiten Generation werden oft unter anderem dagongzai und Wanderarbeiterinnen dagongmei genannt. Der aus dem Chinesisch stammmende Begriff „dagong" bedeutet übersetzt so viel wie „für den Chef arbeiten" und das die Arbeitsbeziehungen über den Markt geregelt werden. Die letzte Silbe „zai" beziehungsweise „mei" ist ein Hinweis auf das jeweilige Geschlecht. „Zai" wird mit Sohn übersetzt und ist für die männlichen Wanderarbeiter ein geläufiger Begriff und „mei" heißt kleine Schwester und wird für weibliche Wanderarbeiterinnen verwendet (vgl. NGAI/WANWEI 2008: 9).

2.2. Fakten und Zahlen zur Migration der Wanderarbeiter

Die genaue Zahl der Wanderbevölkerung ist schwer zu erfassen, deshalb wird sich oft an der zeitweilige Aufenthaltsgenehmigung orientiert, da man sich polizeilich anmelden muss, wenn man länger als drei Tage in der Stadt ist. Allerdings betrifft dies nicht nur die Arbeitsmigranten, sondern auch die Migration aus anderen Gründen wie beispielsweise Bildungsmigration oder Umzug wegen Heirat (vgl. GRANSOW 2000: 185). Doch die Dunkelziffer dürfte weitaus höher sein, da die meisten Arbeitsmigranten sich illegal in den Städten aufhalten, denn sie würden die entsprechende Genehmigung nicht bekommen. Sie gehen statistischen Zählungen aus dem Weg, da sie befürchten bei behördlichen Erfassungen ohne die benötigten Papiere eine Zwangsrückweisung erleiden zu müssen (vgl. LIANG/MA 2004: 469). Oft ist Sprache von einer Zahl bis zu 300 Millionen Migranten, doch ist dies nur die geschätzte. Im Jahr 2000 hat der chinesische Zensus lediglich 140 Millionen Binnenmigranten gezählt, davon migrierten 80 Millionen außerhalb eines Landkreises, 60 Millionen innerhalb des Landkreises und 20 Millionen Migranten mit einem permanenten Aufenthaltsstatus (vgl. LIANG//MA 2004: 472). Unübersichtlich wird die Zählung unter anderem auch dadurch, dass unterschiedliche Kriterien verwendet werden. Der Zensus von 1990 zählt zur Migration nur Personen die außerhalb ihres registrierten Landkreises vorübergehend leben. Im Jahr 2000 ist die Migration innerhalb eines Landkreises hinzugekommen (vgl. SCHNACK 2010: 26). Migration geschieht meist über familiäre oder lokale Netzwerke über informelle Institutionen. Früher sind es meistens junge Männer mit geringer Schulbildung gewesen, die im Sinne der Familienstrategie migriert sind. Heute gibt es eine Tendenz zur Familienmigration (vgl. KAUFMANN 2011: 19f.).

2.3. Die Zielorte der Migranten

Schon zur Zeiten der Planwirtschaft war die Migration in die Stadt der Wunsch vieler Landbewohner. Heutzutage zieht es einen Großteil in die urbanen Zentren des Landes. Sie erhoffen sich in den Städten einen Arbeitsplatz, bei dem das Einkommen höher liegt, als bei ihrer landwirtschaftlichen Tätigkeit auf dem Land. Auch das Streben nach individueller Freiheit ist ein Grund ihre Heimat zu verlassen (vgl. SCHNACK 2010: 119). Pushfaktoren sind des Weitern noch eine bessere Infrastruktur, ein großes Freizeitangebot und eine Kinderbetreuung (vgl. HARTMANN 2006: 139).

	Beschäftigte insgesamt in Millionen	*Städtische Gebiete in Millionen*	*in Prozent*	*Ländliche Gebiete in Millionen*	*in Prozent*
1980	423,6	105,2	24,8	318,4	75,2
1985	498,7	128,1	25,7	370,6	74,3
1990	647,5	170,4	26,3	477,1	73,7
1995	680,6	190,4	28,0	490,2	72,0
1996	689,5	199,2	28,9	490,3	71,1
1997	698,2	207,8	29,8	490,4	70,2
1998	706,4	216,2	30,6	490,2	69,4
1999	714,0	224,1	31,4	489,8	68,6
2000	720,8	231,5	32,1	489,3	67,9
2001	730,2	239,4	32,8	490,8	67,2
2002	737,4	247,8	33,6	489,6	66,4
2003	744,3	256,4	34,4	487,9	65,6
2004	752,0	264,8	35,2	487,2	64,8

(vgl. HARTMANN 2006: 142)

Die Tabelle zeigt die Zahl der Beschäftigten nach Land- und Stadtgebiete für die Jahre 1980 bis 2004. Sie verdeutlich noch einmal wie die Beschäftigung in den Städten konstant zunimmt und in den ländlichen Gebieten eher eine abnehmende Tendenz annimmt prozentual gesehen. Die Beschäftigung in der Stadt hat sich in der Zeitspanne dieser vierundzwanzig Jahre fast verdoppelt.

Insgesamt	Regierungsunmittelbare Städte		Provinzhauptstädte		Städte		Kleinstädte		andere	
Anzahl Mio.	Anzahl Mio.	Anteil %	Anzahl Mio.	Anteil %	Anzahl Mio.	Anteil %	Anzahl Mio.	Anteil %	Anzahl Mio.	Anteil %
166	14,1	8,5%	36,5	22%	55,5	33,4%	59,2	35,6%	0,7	0,4%

(vgl. HEILMANN 2016: 253)

Die Tabelle beschreibt die Wanderungsziele chinesischer Arbeitsmigranten. Über ein Drittel zieht es in die Kleinstädte. Aber auch die Städte und Provinzhauptstädte gehören zu den beliebten Zielen.

Vor allem die chinesische Ostküste mit dem Perlflussdelta, Shanghai und dem Yangzi-Delta und der Peking- und Tianjin-Region, die als megaurbane Räume gelten, lockt die Migranten an. Allerdings zieht es einige Migranten auch in die nächstgelegene kleinere Stadt (vgl. SCHNACK 2010: 27f.).

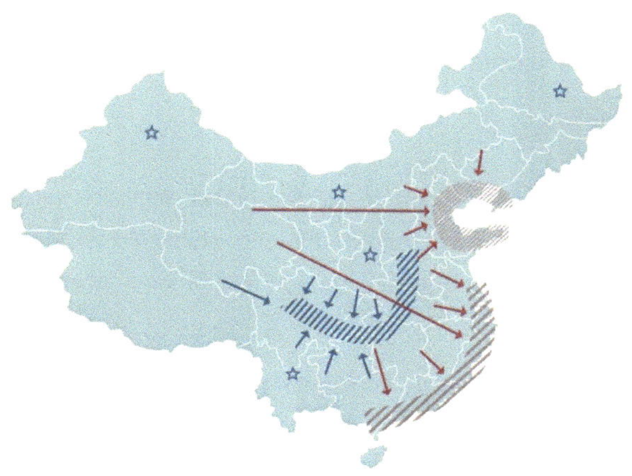

(vgl. GRANSOW 2012: 6)

Die Abbildung zeigt die Richtung der Binnenmigration in China. Der bisher größte Migrationsstrom an die Küstenregionen ist als roter Streifen versehen. Zusätzlich gibt es seit der jüngeren Vergangenheit auch eine Binnenmigration zu den Städten in der Provinz Hubei, die in der Abbildung mit einem blauen Streifen markiert ist. Der dritte Strom ist jener zu den im Inland entstehenden Megastädten, nämlich Kunming, Xian, Urumqi und Harbin, die als blaue Sterne auf der Karte zu finden sind.   Im Jahr 2014 hat die Zentralregierung einen nationalen Plan zum Ausbau kleiner und mittelgroßer Städte vorgelegt. So übt die chinesische Politik einen gewissen Einfluss auf die Richtung der Migrationsströme aus und versucht die sie zu lenken, in dem sie Investitionen im Westen des Landes tätigt. Sowie die Bemühung den Zuzugs in die Metropolen Beijing, Shanghai und Tianjin sowie ausgewählte Provinzhauptstädte zu begrenzen. Teure neue Urbanisierungsprogramme werden deswegen reguliert und unterstützt. Dadurch werden neue wirtschaftliche Wachstumspotenziale in den geförderten urbanen Zentren eröffnet und es entstehen in typischen Abwanderungsprovinzen immer mehr Arbeitsplätze und ziehen somit viele Migranten an, was wiederrum den synergetischen Effekt hat, dass neue Produktionsstätten entstehen. (vgl. HEILMANN 2016: 252). An der Küste wird währenddessen an einer neuen Produktionsstruktur gearbeitet. Hier soll sich eine high-value Industrie mit erhöhter Produktivität ansiedeln. Allerdings braucht man dafür gut ausgebildete Arbeitskräfte. Das sich die Investition in ihre Bildung rentiert, müssen sie langfristig bei einem Unternehmen angestellt sein, das heißt sie benötigen das Recht in der Stadt legal leben zu dürfen und das setzt Reformen im Hukou-System voraus (vgl. LEE/NGAI 2010: 249).

2.4 Das Hukou-System

Um die chinesische Binnenmigration verstehen zu können, muss man sich vorerst mit der Ungleichheit zwischen Stadt und Land sowie mit dem chinesischen Meldesystems, dem Hukou-System und dessen Entstehung und Funktionswandel von großer Bedeutung beschäftigen.

Das Hukou-System ist seit 1958 ein „System der Wohnsitzregistrierung" (HEILMANN 2016: 239), das die Trennung in städtische und ländliche Haushalte festschreibt. Eine Mobilitätsbeschränkung nach Herkunft und Wohnort ist eine daraus resultierende Folge der Einwohner Chinas. China ist eines der wenigen Länder, neben Japan, Vietnam und Süd- und Nordkorea, in welchen die Politik die Mobilitätsverhinderung anwendet beziehungsweise angewendet hat. Dadurch wurde spontane Land-Stadt-Wanderung verhindert und es hat die Rationierung von Lebensmitteln und Gütern des täglichen Bedarfs gesteuert, die für eine Planwirtschaft, wie in der damaligen Volksrepublik China typisch war (vgl. GRANSOW 2000: 184). Der geschichtliche Hintergrund dieses Systems ist die Überbevölkerung der Städte zur Gründungszeit der Volksrepublik China, da die vorangegangen Kriege die ländlichen Bewohner in die Städte vertrieben hat. Die städtische Infrastruktur war der schnell wachsenden Bevölkerung nicht gewachsen, so dass eine Lösung für die ländliche Flüchtlingsbevölkerung gefunden werden musste. Das Hukou-System hat nach dem Wohnort der Mutter den Bewohnerstatus ausgemacht. Im Zuge dessen war den ländlichen Bewohnern der Zuzug in Städte untersagt. Diese hat auch kein Zugang zu den Lebensmittelvorräten der Stadt. Diese Rationierung der 1950er bis 1970er Jahre hat in der Mao-Ära eine besondere Bedeutung gehabt und war ein bedeutendes Mittel zu einer extremen Verringerung von Migration. Außerdem ist der ländlichen Bevölkerung der Zugang zu Altersversicherung, Wohnraumbeschaffung, Bildung und zum Gesundheitssektor verwehrt worden (vgl. HARTMANN 2008: 138). Diese Privilegien sind mit der Einbindung in eine danwei verbunden. Danwei bedeutet wörtlich übersetzt „Arbeitseinheit" (vgl. GRANSOW 2007: 346). Die Landbewohner haben als Gegenleistung Ackerland zugeteilt bekommen. Während der Bodenreform von 1949 bis 1952 wurde der Boden privat vergeben, in der ersten Hälfte der 1950er Jahre wurde der Boden dann kollektiviert. Mit diesem Boden sollten sie sich selbst und die Städter versorgen. Außerdem ist man davon überzeugt gewesen, dass in einer traditionellen, bäuerlichen Familie das Wohnen und die Altersvorsorge gesichert sind (vgl. HART-MANN 2006: 138). Während die Funktion der Zuteilung von Lebensmittel mittlerweile einbüßt werden musste, erfüllt das Hukou-System noch immer mit Einschränkungen die Aufgabe als Kontrolleur der Land-Stadt-Wanderung (vgl. GRANSOW 2000: 184).

Nach den siebziger Jahren hat die Kommunistische Partei Chinas neue Methoden benötigt, um die Wirtschaftskraft des Landes zu fördern. Die Aufgabe ist es gewesen die sozialistische Planwirtschaft zu reformieren. Sie haben ausländische Produktions-firmen angeworben und haben im Gegenzug billige Arbeitsbedingungen geboten. Die billigen Arbeitskräfte haben sie auf dem Land gefunden, denn die Bauern sind bereit gewesen für bessere Zukunftsperspektiven in die Stadt zu ziehen. Um weiterhin die-se billigen Arbeiter anbieten zu können, mussten die strengen Kontrollen des Hukou-Systems gelockert werden (vgl. NGAI/WANWEI 2006: 18). Im Jahr 1997 wurde den Landbewohnern erlaubt in ausgewählten Gebieten in kleinere Städte zu immigrieren. Allerdings mussten bestimme Voraussetzungen wie beispielsweise ein fester Wohn-sitz und ein regelmäßiges Einkommen erfüllt werden (vgl. HARTMANN 2006: 141f.). Das Problem dabei war, dass einerseits die Migranten in die kleineren Städte gelenkt werden sollten, doch diese sind nicht ressourcenreich genug, um genügend Pullfak-toren auf die Migranten auszuüben. Auf der anderen Seite sehen sich die großen ressourcenreichen Städte, die über die nötigen Ressourcen verfügen, nicht bereit, die benötigten Kosten für die große Zahl an Zuwanderern bereitzustellen, da sie dadurch negative Folgen für ihre eigene Wettbewerbsfähigkeit befürchten. Wegen dieser tiefer liegenden Problematik der Ressourcenverteilung ist es zu einer zu einer grundlegenden Reform beziehungsweise versuchten Beseitigung des hukou-Systems in den Jahren 2001 und 2005 gekommen (vgl. WANG 2010: 342ff.). Vor al-lem die Küstenprovinzen erlauben nun den Landbewohnern ohne Einschränkungen in den Städten zu leben. Jedoch haben Shanghai und Beijing, die Städte die große Anreize für die ländliche Bevölkerung bietet, sich noch nicht für eine Einstellung des Hukou-Systems bereit erklärt (vgl. HARTMANN 2006: 142). Diese und andere Städte sind abgeneigt, die damit verbundenen Kosten zu stellen und stehen auch finanziell immer mehr unter Druck aufgrund zunehmender Verschuldung. Trotz weiteren ange-dachten Reformen des hukou-Systems, ausgewählter Reform-Provinzen und einzel-ner Experimente in verschiedenen Städten, wird die Spaltung der chinesischen Gesellschaft in eine urbane und eine ländliche-bäuerliche Teilgesellschaft erstmal bestehen bleiben.

2.5. Die Migrations- und Urbanisierungspolitik in China

Die staatliche Politik wirkt auf die Migrationspolitik seit ihrer Entstehung, das heißt seit Beginn des Reformprozesses Ende der 1970er, massiv ein. Der wirtschaftliche Wachstum hat bis jetzt oberste Priorität. Doch es ist zu einer Wende in der Haltung gegenüber der Migration gekommen. Die Politik ist nachgiebiger und flexibler geworden und zum Teil wird die Migration sogar angetrieben. Dieser Wandel in der Migrationspolitik lässt sich grob in drei Phasen einteilen.

Die erste Phase ist die, der Beschränkung. In dieser Zeit war die Aufnahme von Arbeitsmigranten verboten. Sie hat 1978 begonnen und endete 1983. Im Anschluss daran setzte eine Phase regulierter Migration ein, die bis zum Jahr 2000 angehalten hat. Dessen Ziel war es, den Fluss der ländlichen Migranten in die kleinen und mittleren Städte zu kanalisieren. Außerdem wurden erwerbslose Wanderarbeiter mittels Abschiebehaft zurück in ihre Heimat geschickt. In den letzten Jahren hat die Chinas Regierung versucht sich anzustrengen, um eine gesetzliche Grundlage für eine Gleichbehandlung der Arbeitsmigranten, besonders in dem Bezug auf das Arbeitsrecht zu schaffen. Es wurde seitens der politischen Führung Chinas eingesehen, dass ihre Arbeitsleistung von essentieller Bedeutung für das Wirtschaftswachstum ist. Allerdings ist in arbeitsrechtlicher Hinsicht sowie in der Verbesserung der Lebenssituation der Wanderarbeiter noch viel Luft nach oben. Diese Phase, die bis heute anhält, wird als Förderung der Migration bezeichnet (vgl. SCHNACK 2010: 28 f.).

3. Arbeits- und Lebensbedingungen der Migranten in der Stadt

3.1. Die Beschäftigungsfelder und Arbeitsbedingungen der Migranten

Das Hukou-System, lässt die ländlichen Arbeitnehmer vom städtischen Arbeitsmarkt außen vor. Dies macht es ländlichen Migranten formelle Arbeit zu finden nahezu unmöglich und zwingt sie zur Arbeit im informellen Sektor. Zwar wurden in den letzten Jahren auf nationaler Ebene die strikten Beschränkungen, denen die Migranten ausgesetzt gewesen waren. eingedämmt. Doch da den Regierungen, die Beschäftigungsmöglichkeiten ihrer Stadtbewohner wichtiger ist, kommt es weiterhin zur Ausschließung von den Wanderarbeitern und einer überwiegenden Beschäftigung im informellen Sektor. Seit Mitte der 1990er Jahre hat ein Rückgang von formeller Arbeit in der Staatsindustrie stattgefunden. Durch die zusätzlichen niedrigen Arbeitsstandards ist es dazu gekommen, dass immer mehr informelle Arbeitskräfte benötigt worden sind. Daher ist der informelle Sektor in der Staatswirtschaft in China außergewöhnlich stark ausgeprägt. Durch die seit Reformbeginn stark expandierenden Privatunternehmen, stieg der Bedarf an informellen Arbeitnehmern rasant. Daher ist in China im Vergleich zu der restlichen Welt der Anteil informeller Lohnarbeit innerhalb des formellen Sektors sichtlich höher. In den traditionellen Industriebranchen wie zum Beispiel im Baugewerbe ist informelle Arbeit eher der Normal- als Ausnahmefall, denn hier liegt der Anteil bei 80 Prozent. Außerdem ist dies auch Gang und Gebe im produzierenden Gewerbe, vor allem im Exportbereich sowie im Bergbau. Auch im Bereich Dienstleistungen ist die informelle Beschäftigungsform sehr häufig (vgl. BRAUN 2011: 31ff.). Wanderarbeiter sind in diesen Branchen auch zahlenmäßig sehr stark vertreten.

Beschäftigungsfelder von ländlichen Arbeitsmigranten in China nach Regionen in % (2011)

Beschäftigungsfelder	gesamt	östliche Regionen[1]	zentralchin. Regionen[2]	westliche Regionen[3]
Produzierendes Gewerbe	36,0	44,8	23,0	15,4
Baugewerbe	17,7	13,4	24,7	27,4
Transport, Verkehr, Lagerung und Post	6,6	5,5	8,1	9,3
Groß- und Einzelhandel	10,1	8,7	13,1	12,5
Hotel- und Gaststättengewerbe	5,3	4,5	5,9	7,3
Dienstleistungen	12,2	12,3	11,4	12,2

(vgl. GRANSOW 2012: 4)

Die Tabelle zeigt die verschiedenen Arbeitsbereiche in denen die Wanderarbeiter im Jahr 2011 tätig waren und in welcher Region in China sich diese befinden. Über ein Drittel der Arbeitsmigranten war im produzierenden Gewerbe wie etwa in Textilfabriken beschäftigt. Diese befinden sich hauptsächlich in den östlichen Küstenregionen.

Knapp 18 Prozent haben im Baugewerbe gearbeitet in erster Linie Männer, bedingt durch die schwere körperliche Arbeit. Dieses Beschäftigungsfeld ist besonders in den westlichen Regionen und Zentralchina angesiedelt gewesen, da dort noch mehr freier Raum zum Bebauen existiert hat. Weitere Branchen in denen die migrierenden Arbeiter agiert haben sind Transport und Verkehr, Groß- und Einzelhandel, Hotel- und Gaststättengewerbe sowie im tertiären Sektor. Heute dürfte der prozentuale Anteil der Verteilung der Beschäftigungsfelder ähnlich sein.

Die Einkommensschere zwischen ländlichen und städtischen Arbeitern in den Städten ist beträchtlich. Im Jahr 2009 lag der Durchschnittslohn der Arbeitsmigranten bei 1.348 Yuan. Das ist sehr gering, denn ein Lohn von 2.000 Yuan reicht nicht einmal aus, sich das Leben in einer Stadt wie Shenzhen finanzieren zu können. Der Lohnanteil am Bruttoinlandsprodukt hat 2005 bei nur 37 Prozent gelegen. Die Schere zwischen reich und arm wird immer größer und die Verlierer sind hierbei die Wanderarbeiter. Im Jahr 2004 wurde der lokale Mindestlohn in China eingeführt. Dieser sollte bei 40 Prozent des örtlichen Durchschnittlohns angesiedelt sein. Allerdings wird dieser Prozentsatz nicht in allen Städten erfüllt, denn er liegt oft bei nur 20 bis 30 Prozent. Viele Wanderarbeiter warten auch seit einer langen Zeit auf eine Lohnerhöhung. In einigen Provinzen stieg der Lohn um 10 bis 20 Prozent. Doch aufgrund der Inflation wurde dadurch keine Verbesserung des Lebensstandards der Migranten erreicht (vgl. LEE/NGAI 2010: 242).

3.2. Die Wohnsituation der Wanderarbeiter

China war bis in die 1990er hinein das einzige Land mit Kennzeichen der Unterentwicklung, welches keine Slums besessen hat. Heute allerdings sind Slums am Rande von urbanen Zentren kein unbekanntes Erscheinungsbild mehr (vgl. HARTMANN 2006: 139). Mit dem zunehmenden Strom an ländlichen Migranten entstand ein Bedarf an billigem Wohnraum. Viele Wanderarbeiter finden wegen zahlreichen Sanierungsarbeiten in den Innenstädten, dort keine angemessene Unterkunft. Es entstehen unter anderem urban villages. Für einen Großteil der Arbeitsmigranten ist die Arbeitsstätte zugleich die Wohnstätte. Bauarbeiter übernachten in Wohncontainern direkt auf der Baustelle, Fabrikarbeitskräfte sind überwiegend in firmeneigenen Wohnheimen untergebracht, nach Geschlechtern getrennt. Hauspersonal und Kindermädchen leben in Privathaushalten. Inhaber kleiner Geschäfte übernachten in ihren Lager-, Produktions- oder Geschäftsräumen. Da die Migration mit der ganzen Familie immer populärer wird, möchter diese auch privaten Wohnraum anmieten. In den urban villages finden sie diesen meist auch bezahlbar (vgl. GRANSOW 2012: 7). Urban Villages sind „städtische Marginalsiedlungen, die sich im Zuge der Transformation zu einer Marktwirtschaft seit den neunziger Jahren herausgebildet hat." (GRANSOW 2007: 343) Es sind Dörfer die im Zuge der Urbanisierung und der damit verbundenen Expansion der Städte von dieser eingeschlossen worden sind. Die einheimische ländliche Bevölkerung hat wegen ihres Hukou-Status das Recht eigenen Wohnraum zu errichten und dieser schützt sie vor Eingriffen von außen. Die städtische Verwaltung kann dort keine Vorgaben geben, sodass Brandschutzvorschriften oder ähnliche Auflagen entfallen. Der Wohnungsbau kann sehr dicht geschehen, was somit die Mieten niedrig hält. Weitere Vorteile sind oft eine Nähe zum Arbeitsplatz und eine besser ausgebaute Infrastruktur als in ihrer ländlichen Heimat. Oft entstehen in den urban villages Parallelstrukturen wie selbstorganisierte Krankenstationen oder Grundschulen, da die Wanderarbeiter von dem Gesundheits- und Bildungssystem der Stadt ausgeschlossen sind (vgl. GRANSOW 2007: 352f.).

3.3. Die Schulbildung der Migrantenkinder

Mit einer wachsenden Tendenz zur Migration ganzer Familien hat auch die Nachfrage nach Schulen in den Städten zugenommen. Dies ist zunehmend als ein gesellschaftliches Problem erkannt worden. Im Jahr 2003 hat eine Veränderung in der Politik stattgefunden und somit wurde die Aufgabe den Migrantenkindern einen Schulplatz zu gewährleisten den Regierungen der Migrationszielgebiete zugewiesen. Die Schulgebühren, die vielen Kinder der Wanderarbeiter den Schulbesuch aus finanziellen Gründen verwehrte, sind seit den Jahren 2005 bis 2008 größtenteils an öffentlichen städtischen Schulen verboten (vgl. SCHNACK 2010: 81). Doch leider hat diese Maßnahme noch nicht das Problem gelöst. Die städtischen Schulen fordern die Geburtsurkunde für einen Schulplatz, die viele Kinder der Migranten jedoch nicht besitzen, da sie oft außerhalb des gesetzlichen Geburtenlimits der Familie geboren wurden. Auch gibt es spezielle Aufnahmeprüfungen für Migrantenkinder. Die öffentlichen Schulen versuchen den staatlichen Regelungen auszuweichen, da die Migrantenkinder nicht gegenfinanziert sind und sie befürchten, dass so das Niveau der Schule sinken könnte (vgl. SCHNACK 2010: 92f). So sind selbst organisierte Grundschulen entstanden, deren Lehrpersonal selbst einen Migrationshintergrund haben und deren Lehrpläne sich oft an denen der Herkunftsprovinzen orientieren. Außerdem bieten sie weitere Vorteile speziell für Migrantenkinder an wie etwa die zeitliche Anpassung an die Arbeitszeiten von Wanderarbeitern oder eine hohe Flexibilität. Allerdings weisen diese Schulen auch oft erhebliche Mängel auf. Es existieren deutlich mehr Grundschulen als weiterführende Schulen für Migrantenkinder, so dass die sie oft in ihre alte Heimat zurückkehren müssen, um die Mittelschule besuchen zu können. Außerdem leidet die Unterrichtsqualität an der Überfüllung der Klassen, dem Mangel an der räumlichen Ausstattung sowie der niedrige Ausbildungsstand der Lehrer. All dies schränkt von vornherein ihre Zukunftschancen ein (vgl. SCHNACK 2010: 102ff.).

3.4. Die zweite Generation

Doch die Missverhältnisse der ländlichen Migranten in Chinas Städten wird von der „zweiten Generation" der Wanderarbeiter nicht mehr einfach akzeptiert. Sie haben eine bessere Ausbildung und sind teilweise in den Städten groß geworden und können sich mit der ländlichen Heimat ihrer Eltern nicht mehr identifizieren. Sie sind auch mit ihrem Lebensstil viel stärker mit der Stadt verankert, dies hängt auch mit dem Aufkommen der neuen Medien zusammen. Allerdings fehlt den jungen Migranten die finanziellen Unabhängigkeit, um sich dauerhaft in der Stadt niederzulassen und eine Familie zu gründen. Außerdem kommen noch die mit dem ländlichen Hukous verbundenen Einschränkungen hinzu. Deswegen setzen sie sich für die Gleichbehandlung als Bürger und Arbeitnehmer aktiv ein (vgl. HEILMANN 2016: 252). Sie wollen dauerhaft in der Stadt bleiben können und am Reichtum, den sie mitproduzieren partizipieren. In den 1980er und 1990er Jahren ist die erste Generation der ländlichen Arbeitsmigranten in die Städte immigriert. Ihr Ziel war es Geld zu verdienen, um die Familie auf dem Land zu unterstützen und aus der Armut zu befreien. Sie haben im Gegenzug schlechte Arbeitsbedingungen und eine ungerechte Behandlung seitens der städtischen Regierungen und Bevölkerung hingenommen (vgl. LEE/NGAI 2010: 8). Bei einer Umfrage aus dem Jahr 2010 bei der 5.000 Wanderarbeiter der zweiten Generation in Shengzhen befragt wurden, kam heraus, dass 99 Prozent sich nicht vorstellen könnten zurück in die Heimat zu ziehen, um dort landwirtschaftlich tätig zu sein (vgl. LEE/NGAI 2010: 244). Streiks und Arbeiterunruhen haben in der jüngeren Vergangenheit deutlich zu genommen. Die Wanderarbeiter werden zu den drei für das KP-Regime „gefährliche Klassen" hinzugezählt. Des Weiteren gehören die Staatsarbeiter und die Bauern dazu, von diesen Bevölkerungsgruppen werden auch noch weitere Proteste befürchtet (vgl. NGAI/WANWEI 2006: 20). Die Arbeiterunruhen sind für die Regierung ein Unruhestifter, an den sie sich aber in einer gewissen Weise gewöhnt haben, denn seit Ende der 1990er Jahre ist die Arbeitslosigkeit unter den Wanderarbeitern gestiegen und somit die Unzufriedenheit in dieser Gesellschaftsgruppe. Doch bedrohen die Proteste die soziale Stabilität im Land immens (vgl. LEE/NGAI 2010: 193).

3.5. Auswege aus der aktuellen Lebens- und Arbeitssituation

Die Proteste sind ein Zeichen dafür, dass die Wanderarbeiter der zweiten Generation nicht mehr bereit sind für zu niedrige Löhne und prekären Bedingungen zu arbeiten. Dies bedeutet gleichzeitig das Ende des Billiglohnmodells in China. Die chinesische Regierung möchte den Abstand zwischen niedrigen und hohen Einkommen minimieren und weitere Streiks im Land verhindern, die wegen anziehenden Preisen bevorstehen könnten. Die Binnennachfrage soll gesteigert werden, um nicht mehr von ausländischen Exporten abhängig zu sein und den Markt krisensicherer zu gestalten. China will eine Stufe höher in der kapitalistischen Entwicklung steigen am Beispiel von den Tiger-Staaten Südkorea, Taiwan, Hongkong und Singapur. So wird es zu einer Verlagerung von Produktionsstätten kommen, die sich die steigenden Arbeitskosten nicht mehr leisten können beziehungsweise möchten. Dazu gehören vor allem Sektoren in denen die Profitabilität gering, aber die Konkurrenz groß ist. Die highend Branchen produzieren weiterhin in China, da für diese eine ausgebaute Infrastruktur, Industrie-Cluster, gute Qualität und ausgebildete Arbeiter essentiell sind. Eventuell wird die genannte Branche ins chinesische Inland abwandern, da das auch von der chinesischen Regierung gefördert wird. Neue Fokusse werden auf die Produktion hochwertiger Güter und neue Produktionstechniken gelegt. Automobil und Elektrounternehmen werden mehr Maschinen einsetzen, um die teurer werdenden Arbeiter ersetzen zu können. China muss es schaffen durch eine Lohnerhöhung die Binnennachfrage zu steigern und so unabhängiger von dem unsicheren Weltmarkt zu werden (vgl. LEE/NGAI 2010: 247ff.).

Die chinesische Politik setzt sich für eine Regulierung des informellen Sektors ein. Der Übergang zur formellen Beschäftigung ist fließend und so entsteht eine Mischform die semi-formelle Beschäftigung. Diese wird erst durch den Eingriff Chinas in den Arbeitsmarkt geschaffen. Durch die Schaffung und Expansion semi-formeller Arbeit wird eine Minimierung der informellen Beschäftigung erreicht und lässt gleichzeitig die Erhaltung der Flexibilität am Arbeitsmarkt zu. Semi-formelle Beschäftigung wird sich künftig zu einem noch wichtigeren Bestandteil des chinesischen Arbeitsmarktes entwickeln. Sie ist bedeutsam, um die ökonomischen Transformation zu bewerkstelligen. Die Steigerung semi-formeller Beschäftigung vollzieht sich hauptsächlich durch die Reduzierung des informellen Sektors. So werden Arbeitsverhältnisse mit Basisschutz geschaffen und ungeschützte Beschäftigungsbeziehungen verdrängt. So kommt es zu einer teureren Entlohnung von Arbeit im Billiglohnsektor, aber auch zu verbesserten Arbeitsbedingungen für die Wanderarbeiter (vgl. BRAUN 2011: 190ff.).

	Informelle Beschäftigung		Semi-formelle Beschäftigung	
	Städter	Migranten	Städter	Migranten
Rechtssicherheit	Ausbeutbarkeit, keine Interessenvertretung		legaler Status mit verbesserter Rechtssicherheit	
soziale Absicherung	keine Absicherung		Integration in städtisches System mit geringen Vergünstigungen	Parallelsystem mit starken Vergünstigungen, fehlende Übertragbarkeit

(vgl. BRAUN 2011: 195)

Die Tabelle zeigt die Segmentation semi-formeller Beschäftigung. Sie gibt Informationen über die informelle und semi-formelle Beschäftigung in den Bereichen Rechtssicherheit und soziale Absicherung und unterscheidet dabei zwischen Städtern und Migranten. Bei der Arbeit im informellen Sektor besteht weder für die Städter noch für die Wanderarbeiter Rechtssicherheit und soziale Absicherung. Die semi-formelle Arbeit bietet beiden Gruppen einen legalen Status mit verbesserter Rechtssicherheit an. Die Städter werden auch in das städtische System mit geringen Vergünstigungen integriert. Die Migranten erschaffen ein Parallelsystem mit starken Vergünstigungen und einer fehlenden Übertragbarkeit. Insgesamt verbessert die semi-formelle Beschäftigung die Situation der Arbeiter im Vergleich zu einer informellen Tätigkeit. Allerdings gibt es noch viele rückschrittliche Probleme in der semi-formellen Beschäftigung und auch hier wird zwischen den Städtern und Migranten separiert. Nichtsdestotrotz ist es ein Schritt aus unsicheren und unfairen Arbeitsbedingungen für die ländlichen Migranten.

4. Lösungswege und ein Ausblick in die Zukunft

Viele Regierungsinstanzen betonen mittlerweile, wie wichtig es sei eine Lösung für die zahlreichen Probleme der ländlichen Migranten zu finden. Schon seit Beginn dieses Jahrhunderts versucht die chinesische Regierung auf diese Probleme zu reagieren, insbesondere auf die Missstände der dortigen Arbeitsbedingungen wie beispielsweise nicht ausbezahlte oder zu geringe Löhne. Neben diesen Aspekten wurde das System der Abschiebehaft und zwangsweisen Rückführung von Migranten 2003 aufgehoben. Weitere Reformen im Bereich der Sozialversorgung und des Hukou-Systems wollen eine grundlegende Überwindung des Stadt-Land-Gefälles erreichen. Allerdings stehen diesen Bemühungen die Interessen der lokalen Regierungen, Stadtverwaltungen und privilegierten städtischen Hukou-Inhaber entgegen. Die Städte müssen ihre Steuereinnahmen mit der Zentralregierung teilen, aber auch die Kosten einer verbesserten Infrastruktur übernehmen. Angesichts dessen versuchen sie die Ausgaben für öffentliche Dienstleistungen so minimal wie möglich zu halten. Damit bleibt der unfaire Zugang zu knappen öffentlichen Gütern wie Altersversicherung, Wohnraumbeschaffung und zur Gesundheitsversorgung erstmal bestehen.

Weiterhin gehören prekäre und gefährliche Arbeitsbedingungen, lange Arbeitszeiten, keine Arbeitsverträge und nicht ausbezahlte Löhne, eine hohe Unfallrate und Berufserkrankungen, dazu ein zurückgebliebenes, mangelhaftes Versicherungssystem, getrennte Familien, ungenügendes Bildungsangebote für die Kinder und vielfältige Formen der Missachtung zu den negativen Aspekten des Migrantenlebens in den Städten. Noch eine tatsächliche Wirkung von Rücküberweisungen auf die ländliche Entwicklung existiert, ist nicht belegt. Allerdings ist der positive Beitrag der Migranten zur Armutsminderung und damit die entwicklungspolitische Bedeutung chinesischer Binnenmigration vor allem Land-Stadt- Wanderung nicht zu leugnen.

Es muss ein Mittelweg gefunden werden. Der Bildungsstandard muss gesteigert werden, da durch die Neuorientierung der chinesischen Wirtschaft mit der Steigerung der High-End Branchen vor allem ausgebildete Arbeiter benötigt werden. Semiformelle Beschäftigung scheint zumindest eine Übergangslösung zu werden und wird immer wichtiger im chinesischen Arbeitsmarkt. Dadurch haben die Arbeitnehmer zumindest einen Basisschutz und die ungeschützten Arbeitsverhältnisse werden minimiert. Zweifelsohne wird dies mit einer Verteuerung der Arbeit im Billiglohnsektor einhergehen. Inwieweit das in der Vergangenheit rasante Wirtschaftswachstum in China anhalten wird und wie es die Migration und die Lebens- und Arbeitsbedingungen verändern wird, bleibt abzuwarten.

5. Literaturverzeichnis

BRAUN, A. (2011): *Das Ende der billigen Arbeit in China. Arbeitsrechte, Sozialschutz und Unternehmensförderung für informelle Beschäftigte.* Wiesbaden.

GEFFKEN, R. (2004*): Arbeit in China: Arbeit, Arbeitsbeziehungen und Arbeitsrecht in der VR China, Taiwan und Hongkong.* Baden-Baden.

GRANSOW, B. (2000): „Gesellschaft" In: Staiger, B. (Hrsg.): *Länderbericht China.* Darmstadt. S. 178 – 220.

GRANSOW, B. (2007): „Dörfer in Städten – Typen chinesischer Marginalsiedlungen am Beispiel Beijing und Guangzhou." IN: Bronger. D. (Hrsg.): *Marginalsiedlungen in Megastädten Asiens.* Münster, S. 343 - 379.

GRANSOW, B. (2012): *Binnenmigration in China. Chance oder Falle?* (= Focus Migration, Band 19). Osnabrück.

HARTMANN, J. (2006): *Politik in China. Eine Einführung.* Wiesbaden.

HEILMANN, S. (2016): *Das politische System der Volksrepublik China.* Wiesbaden.

KAUFMANN, L. (2011): *Mala tang. Alltagsstrategien ländlicher Migranten in Shanghai.* Wiesbaden.

LEE, C., NGAI, P. (2010): *Aufbruch der zweiten Generation. Wanderarbeit, Gender und Klassenzusammensetzung in China.* Berlin.

LIANG, Z., MA, Z. (2004): "China's Floating Population". In: *New Evidence from the 2000 Census, Population and Development Review* 30 (3), S. 467 - 488

NGAI, P., WANWEI, L. (2006): *Dagongmei. Arbeiterinnen aus Chinas Weltmarktfabriken erzählen.* Beijing.

SCHNACK, H. (2010): *Schulbildung für Migrantenkinder in der VR China. Zwischen staatlicher Ausgrenzung und privater Alternativen.* Berlin.

WANG, F. (2010): „Boundaries of Inequality. Perceptions of Distributive Justice among Urbanites, Migrants and Peasants" In: Whyte, M. (Hrsg.): *One Country, two Societies. Rural-Urban Inequality in Contemporary China.* Cambridge. S. 219 - 240.

ZHANG, L. (2004): *Strangers in the city. Reconfigurations of space, power and social networks within China's floating population*. Stanford, Calif.

6. Abbildungs- und Tabellenquellenverzeichnis:

Abbildung/Tabelle 1: HARTMANN, J. (2006): *Politik in China. Eine Einführung*. Wiesbaden. S. 142.

Abbildung/Tabelle 2: HEILMANN, S. (2016): *Das politische System der Volksrepublik China*. Wiesbaden. S. 253.

Abildung/Tabelle 3: GRANSOW, B. (2012): *Binnenmigration in China. Chance oder Falle?* (= Focus Migration, Band 19). Osnabrück. S. 6.

Abbildung/Tabelle 4: GRANSOW, B. (2012): *Binnenmigration in China. Chance oder Falle?* (= Focus Migration, Band 19). Osnabrück. S. 4.

Abbildung/Tabelle 5: BRAUN, A. (2011): *Das Ende der billigen Arbeit in China. Arbeitsrechte, Sozialschutz und Unternehmensförderung für informelle Beschäftigte*. Wiesbaden. S. 195.

BEI GRIN MACHT SICH IHR WISSEN BEZAHLT

- Wir veröffentlichen Ihre Hausarbeit, Bachelor- und Masterarbeit

- Ihr eigenes eBook und Buch - weltweit in allen wichtigen Shops

- Verdienen Sie an jedem Verkauf

Jetzt bei www.GRIN.com hochladen und kostenlos publizieren